LOS ARCHIVOS DEL TIBURÓN

I0811611

TIBURONES LIMÓN

Julie K. Lundgren
Traducción de Sophia Barba-Heredia

Un libro de El Semillero de Crabtree

ÍNDICE

CRABTREE
Publishing Company
www.crabtreebooks.com

Apoyos de la escuela a los hogares para cuidadores y maestros

Este libro ayuda a los niños en su desarrollo al permitirles practicar la lectura. Abajo están algunas preguntas guía para ayudar al lector a fortalecer sus habilidades de comprensión. En rojo hay algunas opciones de respuesta.

Antes de leer:

- ¿De qué pienso que tratará este libro?
    - *Pienso que este libro es sobre tiburones limón.*
    - *Pienso que este libro me explicará por qué son amarillos.*

- ¿Qué quiero aprender sobre este tema?
    - *Quiero aprender sobre los hábitats de los tiburones limón.*
    - *Quiero aprender si los tiburones limón muerden a las personas.*

Durante la lectura:

- Me pregunto por qué...
    - *Me pregunto por qué los tiburones limón a veces se acuestan en el piso del océano.*
    - *Me pregunto por qué tienen dos aletas dorsales.*

- ¿Qué he aprendido hasta ahora?
    - *Aprendí que los tiburones limón nadan en aguas templadas y poco profundas.*
    - *Aprendí que se confunden con el fondo arenoso del océano.*

Después de la lectura:

- ¿Qué detalles aprendí de este tema?
    - *Aprendí que los tiburones limón pueden ver colores.*
    - *Aprendí que se confunden con su entorno para atrapar a sus presas.*

- Lee el libro de nuevo y busca las palabras del glosario.
    - *Veo las palabras **poco profundas** en la página 10 y la palabra **dorsales** en la página 14. Las demás palabras del vocabulario están en las páginas 22 y 23.*

TIBURONES LIMÓN

¿Son ácidos los tiburones limón?

¡No! Solo se ven
un poco amarillos.

DESDE LOS ARCHIVOS

¡Ellos también pueden ver colores!

Se confunden con el arenoso fondo del **océano**.

Esto les ayuda a sorprender a su **presa**.

Nadan en aguas templadas y **poco profundas**.

Cazan peces, **rayas** y cangrejos.

Tienen dos aletas **dorsales** de igual tamaño.

DESDE LOS ARCHIVOS

Los tiburones limón son tan largos como el soporte del tablero y aro de una cancha de básquetbol.

A veces se acuestan
en el piso del océano.

¿Están descansando?
¿O se están escondiendo?

LOS ARCHIVOS DEL TIBURÓN

Podrían estar esperando a que **rémoras** y otros peces los limpien.

¡Hay mucho que aprender sobre los tiburones limón!

GLOSARIO

dorsales: Una aleta dorsal es la aleta en lo alto de la espalda del tiburón.

océano: Un océano es un gran cuerpo de agua salada donde viven muchos animales.

poco profundas: Las aguas poco profundas no son hondas y usualmente están cerca de tierra firme.

presa: Presa es cualquier animal cazado y comido por otro animal.

rayas: Las rayas son animales marinos con aletas para nadar anchas y ondeantes. Tienen colas largas y delgadas.

rémoras: Las rémoras son peces que limpian las sobras y los trozos de comida adheridos al tiburón.

Índice analítico

Acerca de la autora

Julie K. Lundgren

Julie K. Lundgren creció cerca del Lago Superior, donde se divertía jugando en el bosque, recogiendo moras y expandiendo su colección de rocas. Sus intereses la llevaron a hacer una carrer en Biología. Vive en Minnesota con su familia.

Sitios web (páginas en inglés):

https://easyscienceforkids.com/lemon-shark

www.montereybayaquarium.org/animals/animals-a-to-z/sharks

CRABTREE Publishing Company

Written by: Julie K. Lundgren
Designed by: Jennifer Dydyk
Edited by: Kelli Hicks
Proofreader: Melissa Boyce
Translation to Spanish: Sophia Barba-Heredia
Spanish-language layout and proofread: Base Tres
Print and production coordinator: Katherine Berti

Photographs:
Shark illustration on cover logo © BATKA/Shutterstock; white shark illustration for "FROM THE FILES" © Dashikka/Shutterstock; Cover photo © Moize nicolas/Shutterstock; pages 3 and 5 © Divepic/istock, inset photo page 5 © Julian Gunther/Shutterstock; page 6 © Leucas/istock, page 7 © Ethan Daniels/Shutterstock; page 9 both photos © Greg Amptman/Shutterstock; page 11 © frantisekhojdysz/Shutterstock; page 12 © RickRamos1973/istock, page 13 (ray) © Longjourneys/Shutterstock, (crab) Charlotte Bleijenberg/Shutterstock; page 15 © shalamov/istock; page 17 © kaschibo/Shutterstock; page 19 © Michael Bogner/Shutterstock; page 21 © NaluPhoto/istock; page 22 (top photo) © Pommeyrol Vincent/Shutterstock, (bottom photo) © Ernie Hounshell/Shutterstock

Library and Archives Canada Cataloguing in Publication

Title: Tiburones limón / Julie K. Lundgren ; traducción de Sophia Barba-Heredia.
Other titles: Lemon sharks. Spanish
Names: Lundgren, Julie K., author. | Barba-Heredia, Sophia, translator.
Description: Series statement: Los archivos del tiburón | Translation of: Lemon sharks. | Includes index. | "Un libro de el semillero de Crabtree". | Text in Spanish.
Identifiers: Canadiana (print) 2021025856X |
Canadiana (ebook) 20210258578 |
ISBN 9781039621169 (hardcover) |
ISBN 9781039621220 (softcover) |
ISBN 9781039621282 (HTML) |
ISBN 9781039621343 (EPUB) |
ISBN 9781039621404 (read-along ebook)
Subjects: LCSH: Negaprion brevirostris—Juvenile literature.
Classification: LCC QL638.95.C3 L86518 2022 | DDC j597.3/4—dc23

Library of Congress Cataloging-in-Publication Data

Names: Lundgren, Julie K., author.
Title: Tiburones limón / Julie K. Lundgren ; traducción de Sophia Barba-Heredia.
Other titles: Lemon sharks. Spanish
Description: New York : Crabtree Publishing, [2022] | Series: Los archivos del tiburón - un libro el semillero de Crabtree | Includes index.
Identifiers: LCCN 2021031703 (print) |
LCCN 2021031704 (ebook) |
ISBN 9781039621169 (hardcover) |
ISBN 9781039621220 (paperback) |
ISBN 9781039621282 (ebook) |
ISBN 9781039621343 (epub) |
ISBN 9781039621404
Subjects: LCSH: Negaprion brevirostris--Juvenile literature.
Classification: LCC QL638.95.C3 L86718 2022 (print) | LCC QL638.95.C3 (ebook) | DDC 597.3/4--dc23
LC record available at https://lccn.loc.gov/2021031703
LC ebook record available at https://lccn.loc.gov/2021031704

Crabtree Publishing Company
www.crabtreebooks.com 1-800-387-7650

In Canada: We acknowledge the financial support of the Government of Canada through the Canada Book Fund for our publishing activities.

Published in the United States
Crabtree Publishing
347 Fifth Avenue
Suite 1402-145
New York, NY, 10016

Published in Canada
Crabtree Publishing
616 Welland Ave.
St. Catharines, Ontario
L2M 5V6

Printed in the U.S.A./092021/CG20210616